AF613491

RELATION LOGICO-MATHÈMATIQUE

ADRESSÉE ET DÉDIÉE

À SON EXCELLENCE

Mgr R. J. SCHIMMELPENNINCK,

GRAND PENSIONNAIRE

DE LA

RÉPUBLIQUE BATAVE,

PAR GAËTANO ROSSI DE CATANZARO,

DANS LE ROYAUME DE NAPLES,

À FIN DE LUI DONNER

UNE IDÉE CLAIRE, DISTINCTE ET RAISONNÉE DE SON OUVRAGE, INTITULÉ:

SOLUZIONE

ESATTA, E REGOLARE

DEL DIFFICILISSIMO PROBLEMA

DELLA

QUADRATURA DEL CIRCOLO

Dont il vient de faire la publication à Londres, le 1er de May de l'An 1804.

CETTE RELATION EST SUIVIE ET ENRICHIE DE QUELQUES ÉCLAIRCISSEMENS ET OBSERVATIONS, QUI FONT LA BASE FONDAMENTALE DES IMMENSES COROLLAIRES ET THÉORÈMES QU'ON PEUT TIRER D'UNE DÉCOUVERTE, AUSSI IMPORTANTE QU'UTILE POUR LES PROGRÈS ET LE PERFECTIONNEMENT DES SCIENCES.

À AMSTERDAM

DE L'IMPRIMERIE H. VAN MUNSTER.

On la trouve à Amsterdam, chez *Changuion & den Hengst*; à la Haye, chez *les Héritiers Van Cleef*; à Rotterdam, chez *D. Vis*; à Leyden, chez *Haak & Co*; à Utrecht, chez *Wild & Altheer*; à Paris, chez *Debure et Fils*; à Lyon, chez *Bruyset*; et à Génève chez *Paschoud*.

Son prix est deux Florins de Holande.

1805.

EPITRE DEDICATOIRE.

A SON EXCELLENCE

MGR R. J. SCHIMMELPENNINCK,

GRAND PENSIONNAIRE

DE LA

REPUBLIQUE BATAVE.

MONSEIGNEUR!

L'immenſe utilité que les Sciences, le Commerce de Mer et la Societé en général peuvent recueillir de la ſolution exacte et régulière du célèbre Problême de la *Quadrature du Cercle* a été depuis long temps ſentie de tous les Géomètres distingués de la *Holande*, auſſi bien que de toutes les Academies et Inſtitutions Savantes, qui illustrent cette Sage Nation.

L'utilité énoncée une fois reconnue les Holandais fixerent un prix d'émulation en faveur du Géomètre, qui aurait eu le mérite d'en être l'Inventeur.

L'Ouvrage intitulé — *Soluzione eſatta, e regolare del difficilisſimo Problema della Quadratura del Circolo* — que je viens de publier à *Londres* le 1er de May de l'An 1804, et que, plein de respect, je me fais un devoir de préſenter à Votre Excellence, est en ma faveur une preuve très-evidente de l'invention deſirée: Il me fait ſans la moindre ombre de doute espèrer, qu'après que la réalité de ma decouverte aura été généralement reconnue, de tous les illustres Géomètres de ce Pays, le prix d'émulation, dont la *Nation-Holandaiſe* a voulu, pour le bien de la Societé et de la Science, récompenſer une ſi belle et ſi importante decouverte, ne pourra m'être contesté.

Cet Ouvrage ſe trouvant écrit en Langue Italienne, je m'empresſe d'en donner au *Public* et à tous les *Savans de la Holande* un' idée claire, distincte et raiſonnée par cette Relation, que je me hazarde d'adresſer et de dédier à Votre Excellence.

Je n'omettrai pas non plus d'y joindre encore quelques éclaircisſemens et obſervations, qui, à cauſe des préjugés, dont l'esprit même des Savans Géomètres peut être préoccupé contre la posſibilité de cette Invention, deviennent de la plus haute importance, ausſi bien qu'indispenſables.

Si jamais Votre Excellence croit, pourtant, que mes nouvelles lumières puisſent être de quelque utilité pour cette Contrée, j'éprouverai la plus vive ſatisfaction à offrir mes decouvertes géomètriques à la Nation, qui a le bonheur de vivre ſous vos auspices: En attendant, veuillez agréer l'hommage du profond respect avec lequel je me fais gloire de me declarer

De V. E.

Msgr

Très humble, très devué et tres respectueux Serviteur,

GAETANO ROSSI.

AVANT-PROPOS.

Il n'y a perſonne, ayant une véritable idée du célèbre *Problême de la Quadrature du Cercle*, qui ne convienne de ſon utilité infinie. Tous les *Savans Géomètres de l'Antiquité*, ausſi bien que les *Modernes* en ont ſenti et reconnu les avantages; et ils ont été parfaitement d'accord que l'invention d'une *Méthode-géomètrique*, qui conduirait à la ſolution exacte et régulière du Problême énoncé, ſerait le ſeul moyen esſentiel et efficace pour donner à la *Science du Calcul*, à *l'Astronomie*, à *l'Architecture Civile et Militaire*, à la *Planimètrie*, à la *Trigonomètrie*, à *l'Art de la Navigation*, enfin à toutes les branches des Mathématiques en général et en particulier le dégré de perfection, dont elles ſont ſusceptibles et qui leur est nécesſaire.

Après ARCHIMEDE, le prémier, qui au desavantage des Sciences exactes a tenté ce *Grand-Œuvre géomètrique*, il y a eu pluſieurs Mathématiciens, qui, ſuivant ſes traces erronées et irrégulières, en ont donné, de même que lui, des *Démonſtrations-approximatives*, et conſequemment des démonſtrations imparfaites et inutiles (*a*); Ce qui en

(*a*) Toute *démonſtration-approximative* dans le *Calcul-régulièr* ne doit être régardée que comme imparfaite et inutile, puisqu'elle est vicieuſe et antigéomètrique. La raiſon en est, qu'il n'est posſible, en calculant, de fou-

 me-

en grande partie a été la Cause directe de l'annientissement, où, malgré eux, tous les *Géomètres fidèles Sectateurs* D'ARCHIMEDE ont entièrement plongé la sublime *Science du Calcul;* et de la l'inutilité de ces démonstrations vicieuses, qui sont dévenues si communes, qu'il est bien rare que ceux, qui n'étudient la Géomètrie que dans les Auteurs modernes deviennent jamais Géomètres.

Si ARCHIMEDE et tous ses *Sectateurs*, avant que d'en entreprendre la démonstration, eussent conçu que la *Solution du Probléme de la Quadrature du Cercle* n'avait d'autre objet que celui d'établir une *Méthode-générale*, *fondée sur la Base du Cal-*

metre une *démonstration-approximative* quelconque à *l'essai de la Réciprocation*, comm' il est essentiellement nécessaire et comme on peut bien faire de toute *démonstration-exacte et reduite en Axiome.....* En effet que tous les Gèomètres, qui soutiennent qu'avec la *Solution-approximative du Probléme de la Quadrature du Cercle*, on peut bien, comme si on l'avait exacte, se tirer d'affaires en calculant; que ces Géomètres, dis-je, essaient de résoudre ce Problëme par *Réciprocation*, c'est à dire en *Raison-inverse* et exprimé sous les termes suivans; savoir — *Un quarré quelconque étant donné, trouver un Cercle, qui contienne la même surface du quarré donné* — et ils verront alors qu'il faut bonnement convenir de l'irrégularité de leur *Méthode-approximative*, comme étant entierement inutile, opposée à la *Raison-Suffisante*, qui forme l'objet des Mathématiques et destructive en même tems de tous les *Principes* sacrés, qui en constituent la *Base.* —

Calcul-Integral, qui fût capable d'apprêter aux Mathématiciens les moyens analytiques et ſynthètiques, propres à convaincre de la nécesſité abſolue, en calculant, de ne démontrer aucune Propoſition-géomètrique qu'en rigueur, ils n'auraient certainnement pas oſé paraître en face du Public avec leurs fausſes lumières et détruire ainſi les principes exacts des Mathématiques, qui pour le bien de la *Science* et de *l'Humanité* avaient été inventés et établis par tous les illustres *éleves* des divins PLATON et ARISTOTE, ausſi bien que par ceux de l'immortel *Fondateur de la Secte-Italique*, l'incomparable PYTHAGORE.

Le deſir d'approfondir mes idées dans la *Science du Calcul*, pour m'en rendre parfaitement maître, m'a fait, après en avoir apris les prémiers élémens ſous mes precepteurs, m'a fait, dis-je, par un travail particulier entreprendre un examen détaillé de tous les *Ouvrages de Mathématique Anciens et Modernes* que j'ai pû me procurer; et conſequemment par ce travail je me ſuis mis à même de comparer entre eux tous les principes contenus dans les uns, avec ceux, qui ſont contenus dans les autres...... C'est alors, pour me ſervir des expresſions de l'illustre *Géomètre Français*, MONSIEUR AUDIERNE, que j'ai conçu ſans le moindre equivoque que la plus grande partie des *Ouvrages modernes de Mathématique* n'a pas toute la parfection que l'on pourrait ſouhaiter. Les Uns, en effet, étant trop ſecs et trop obſcurs ſont la Cauſe directe que l'on ſe dégoûte de la Géomètrie avant que de la connaître: Les autres, au contraire, étant trop denuès du Style, qui est propre et particulier à cette Science, n'ont ni l'ordre, ni le genie que lui convient; ainſi, loin de donner à l'esprit l'étendue et la justesſe, qui ſont les principaux fruits que l'on doit recueillir de ce genre d'étude, ils font penſer que la *Science du Calcul*, qui est le chef d'œuvre du bon ſens, n'est que *l'Art de la Cabale*, ou tout au plus une *Science, qui manque de ſens commun et d'objet.*

Pour rémedier, donc, à tous les immenſes défauts, dont la *Géomètrie des Modernes* est remplie est déſigurée, il est bien clair qu'il fallait rétablir, ſur les traces lumineuſes des *Anciens*, un *nouveau Systhème de Mathématique, fondé ſur la Baſe du Calcul-Integral, inconnue jusqu'ici;* et c'est alors, pour le rétablisſement de ce nouveau-Systême que je me ſuis deciſivement déterminé à rechercher et à achever affirmativement ou negativement (*a*) la ſo-

(*a*) Comme la *Science des Mathématiques* n'est fondée que ſur le ſimple raiſonnement ſoumis à la démonſtration; ainſi c'est une très-grande erreur que celle de croire que pour un vrai Calculateur il y ait en Géomètrie des Propoſitions qu'on peut en bonne réputation régarder comme imposſibles: Car ſur toute propoſition-géomè

ſolution exacte et régulière du célèbre ***Problême de la Quadrature du Cercle***, dont la néceſſité est ſi abſolue et ſi indispenſable en calculant, qu'il faut avoir entièrement oublié, ou n'avoir jamais ſû, ce que c'est qu'un *Homme-géomètre*, pour croire et debiter que dans les Operations de Mathématique on pourrait un ſeul inſtant s'en pasſer ſans tomber dans mille paralogismes et incongruences.

Il me ſemble d'avoir dit en peu de mots ce qu'il fallait pour détruire les fausſes et nuiſibles idées de certains ſoidiſans-géomètres, qui ſe connaisſant incapables de s'élever au desſus de la masſe commune où le Vulgaire gemit, fondés ſur l'exemple de leur inſuffiſance, cherchent ſous le voile d'une modestie mendiée d'indispoſer contre les Vérités utiles tous ceux, qui n'ayant les moyens nécesſaires pour juger par eux mêmes des motifs de préference qu'une démonſtration géomètrique faite en rigueur doit ſans contredit avoir ſur toute autre,

mètrique, par la voie du raiſonnement, on peut bien affirmativement ou négativement appuyer une démonſtration; affirmativement donnant le reſultat déſiré; et négativement démontrant ſa repugnance..... En effet tous les Savans *Mathématiciens de l'Antiquité* ont été parfaitement d'accord, que celui, qui aurait pû géomètriquement démontrer l'imposſibilité de reſoudre *le Problême de la Quadrature du Cercle* il aurait, de même que s'il l'avait achevé affirmativement, reſolu ce Problême (Voyez L'ENCYCLOPEDIE, *Art. Quadrature du Cercle*)

tre, qui ne ferait faite, que par fimple approximation, ils ne jugent que d'après les rapports des Savans connus; et ils font confequemment bien fouvent expofés à être dupes, fi leurs guides ne fe rencontrent doués d'une parfaite bonne foi et honnêteté; ce qui est bien rare, lorsqu'on est attaqué de jaloufie de mêtier.... Tout céla pofé, après un court *Avertisfement*, j'entreprendrai la *Relation - Logico - Mathématique*, que je viens d'annoncer.

AVERTISSEMENT.

Tous ceux, qui pour le bien de la *Science* et de la *Societé* voudront bien s'occuper de mon Ouvrage, intitulé — *Soluzione efatta &c....* — auront la bonté de ne pas faire la moindre attention aux *Notes* inferées dans les *Pages* XIII, XVIII, 47, 63, 81, 87 et 98 de cet Ouvrage. Elles n'ont rapport qu'aux quereles et aux propos caustiques d'un nombre d'Etrangers malveillans, refidents à *Londres;* d'autant plus que ces *Notes* n'ont directement rien de commun avec les principes exacts de Mathématiques, qui conduifent à la folution énoncée.... Si quelqu'un, cependant, voulait s'amufer à les lire, je le previens par ma justification de reflechir que le devoir indispenfable de foûtenir et de vanger les *Droits facrés de la Science et de la Vérité* a imperieufement exigé tout celà à *Londres.... Sapienti pauca....*

RE-

RELATION LOGICO-MATHÉMATIQUE

DE L'OUVRAGE, INTITULÉ:

SOLUZIONE

ESATTA, E REGOLARE

DEL DIFFICILISSIMO PROBLEMA

DELLA

QUADRATURA DEL CIRCOLO.

1. Tous les *Géometrès de l'Univers* sont bien d'accord, que la *Solution exacte et régulière du célèbre Probléme de la Quadrature du Cercle* ne consiste qu' à „ trouver géométriquement un Quarré, qui contienne la même surface d'un Cercle donné et réciproquement," (Voyez l'ENCYCLOPEDIE, *Art. Quadrature du Cercle*) (*a*).

2. A

(*a*) Lorsque je dis (Voyez L'ENCYCLOPEDIE &c.), je n'entends certainnement pas de renvoyer mes Lecteurs aux *Compilations-Encyclopediques Françaises et Anglaises de dernière date*; puisque les *Savans de ces Pays là*, apres s'être fait entrainer par *l'insigne Astronome* Mr. JEROME DE LA LANDE à déclarer l'abbandon des trois Problémes les plus celebres en Mathématique, connus sous le nom de la *Quadrature du Cercle*, de la *Trisection de l'Angle* et de la *Duplication du Cube;* à fin d'ensevellir ces Propositions dans l'oubli, ils ont adopté en suite la mesure d'en effacer la memoire dans leurs *Encyclopedies* et *Traités de Mathématiques:* Ceci soit dit pour ne pas s'y tromper.

2. A l'appui de ce *Principe*, donc, après avoir donné, par la *Préface* de mon Ouvrage quelqu'aperçu sur l'utilité incontestable et les immenses avantages qu'on peut recueiller de la decouverte en question (*a*); et après avoir également donné une refutation exacte de ce que le *Bureau des Longitudes de Londres* s'était permis de dire à cet égard (*b*), je viens d'abord à ma 1re *Proposition*, savoir — „Le Cercle ABCD (Fig. I.) „ étant donné trouver le Quarré, qui soit l'Isoplani- „ métre exact de sa surface, et reciproquement (*c*)."

3. Les *Théories* que je fixe par les *Régles de Doctrine*, qui suivent la Proposition énoncée consistant à „ Construire un Quarré, qui ait pour Base une Ligne, „ la quelle par principes longimètriques soit exactement „ la *Moyenne-proportionelle Arithmètique* entre le „ *Diamètre* BC du Cercle donné et la *Base de son* „ *Quarré-Isoperimètrique*".... Comme cette méthode suppose deja la connaissance de la *Valeur-longimétrique*, qui designe la *Base du Quarré-Isoperimètrique du Cercle donné*; et consequemment suppose la connaissance du *Rapport-exact entre le Diamètre et la Circonference d'un Cercle donné* (*d*): de tout celà j'en deduis par un *Lemme* (*e*) la nécessité ab-

(*a*) Voyez la Pag. XI à XX de mon Ouvrage.

(*b*) Voyez la Pag XIII, et sa Note, de mon Ouvrage.

(*c*) Voyez la Pag. I; Num. 1 de mon Ouvrage.

(*d*) Si quelqu'un voulait s'instruire des faits historiques concernans tous les differens *Rapports entre le Diamètre et la Circonference d'un Cercle quelquonque*, qui ont été approximativement établis depuis ARCHIMEDE jusqu'à nos jours; cela, en abregé autant qui fut possible, se trouve dans mon Ouvrage, Pag. 4; Num. 3 à 11.

(*e*) Voyez la Pag. 2; Num. 2 de mon Ouvrage.

absolue et indispensable de resoudre préalablement le Problême, rapporté par ma *Proposition* IIme, savoir — „ Le Cercle ABCD (même Fig. I.) étant donné, trou„ ver le Quarré, qui soit l'Isoperimètre exact de sa „ Circonference et reciproquement (*a*)."

4. Les *Théories*, que je fixe également par les *Régles de Doctrine*, qui suivent cette *dernière Proposition* (3) consistant à „ Construire au dedans de *l'Angle de distance*, qui passe entre le Quarré-Inscrit et „ le Circonscrit dans le Cercle donné, un *troisieme* „ *Quarré*, qui eût ses *Angles* entièrement correspon„ dans à ceux des deux autres; et ce *Quarré* tel en „ forme et en valeur qu'il eût pour *Base* une *Ligne*, „ la quelle en même tems qu'elle soit, *de position* „ *donnée*, *paralelle* aux Bases respectives des deux „ autres Quarrés enoncés, soit en outre, pour ce que „ régarde sa *Longueur*, le *prémier-consequent en crois*„ *sant*, *et le second-antecedent en decroissant d'une* „ *Proportion-Arithmètique en raison continue*, *dont* „ *les deux termes extremes soient la Base du Quarré*„ *Inscrit et celle du Circonscrit dans le Cercle don*„ *né*.".... Or comme cette méthode encore supposant déjà non-seulement la connaissance du *Rapport-Longimètrique* entre la Base du Quarré Inscrit et celle du Circonscrit; ou, ce qui est la même chose, la connaissance du *Rapport de la Base à la Diagonale d'un Quarré quelconque*, elle suppose en autre la connaissance d'une *Théorie-Trigonomètrique*, qui soit capable de conduire à la solution exacte et réguliere du Problême célèbre autant que celui de la *Quadrature du Cer-*

(*a*) Voyez la Pag. 13; Num. 12 de mon Ouvrage.

Cercle, connu sous le nom de la *Trisection de l'Angle* (Voyez L'ENCYCLOPEDIE, *Art. Trisection de l'Angle*): de tout celà, comme dans le prémier cas (3) j'en deduis également par un *Lemme* (*a*) la nécesfité absolue et indispensable de resoudre préalablement le Problême de la *Trisection de l'Angle*; et même, avant cette solution, de donner celle du Problême, qui est tout à fait de mon Invention, et qui n' a été par aucun autre Géomètre traité jusqu' ici, savoir — „ Le Quarré „ EFGH (Fig. II.) étant donné trouver le Rapport „ exact de sa Base EH à sa Diogonale EG, et réci- „ proquement (*b*)."

5. Par les *Conclusions* que je tire de la solution du Problême énoncé (4), reduit à *Canons* (*c*) et *démontré jusqu'à l'absurde* (*d*) je viens de déterminer le Rapport exact de la Longueur, qui existe entre la Base et la Diagonale d'un Quarré quelconque, *rabaissé in infinitum-maximum*, comme 5 à 7; et le Rapport exact de la Longueur, qui existe entre la Base et la Diagonale d'un Quarré quelconque *élevé in infinitum-minimum* (*e*) come 7 à 10.

6. Je

(*a*) Voyez la Pag. 14; Num. 13 de mon Ouvrage.

(*b*) Voyez la Pag. 16; Num. 14 de mon Ouvrage.

(*c*) Voyez la Pag. 16; Num. 14 à 19 de mon Ouvrage.

(*d*) Voyez la Pag. 23; Num. 20 à 29 de mon Ouvrage.

(*e*) Jusqu'à ce que mon *Nouveau Système de Mathématiques, fondé sur la Base du Calcul-Integral* ne soit pas entierement connu et publié, il est bien nécessaire de donner quelques *definitions* et *explications* sans quoi on ne pourrait pas concevoir l'idée claire et distincte de certainnes Vérités, inconnues jusqu'ici, et dont je suis le prémier à les metre au jour.... Pour un *Quarré rabaissé in infinitum-maximum*, donc, on ne doit pas entendre autre chose, qu'un *Quarré*, qui contienne en surface ½ de

6. Je prévois très bien que les *Conclusions* que je tire de la *Solution-Longimétrique* du Problême énoncé dans ma *IIIme Proposition* ne feront d'aucune manière satisfaisantes pour tous ces Géomètres, qui, en fait de Mathématiques, ne connaissent d'autre chose que simplement ce qu'ils ont apris dans les *Élémens* D'EUCLIDE: Or comme celui-ci, loin d'avoir traité de Longimétrie pure et simple, et d'avoir donnée un' *Analyse* détaillée des *Rapports-Arithmétiques* et des *Propriètés-Géométriques*, qui existent dans un *Plan* quelconque entre la *Longueur de ses Côtes* et la *Largeur de sa Surface*, il ne s'occupa au contraire que de la simple et pure *Planimétrie:* de là vient nécessairement que tous les *Sectateurs* D'EUCLIDE, trouvant très-difficile de se habituer à considérer les *Lignes*, ou même les *Côtés respectifs d'une Surface quelconque*, dans leur pure simplicité et comme *Grandeurs d'une seule dimension*, plutôt que de changer les idees reçues par leur inutile et irrégulier *Système-approximatif* et qui

de plus qu'un autre, qui exprimerait en valeur planimétrique une *Quantité élevée à la Puissance Zero*, et $\frac{1}{4}$ de moins qu'un autre, qui exprimerait en valeur de même genre une *Quantité élevée à la Puissance* 1re; En un mot un *Quarré*, qui soit en surface le *Moyen-Proportionnel-Aritbmétique* entre le Quarré-Inscrit et le Circonscrit dans un Cercle: et pour un *Quarré élevé in infinitum-minimum* on ne doit pas entendre autre chose qu'un *Quarré*, qui contienne en surface $\frac{1}{4}$ de moins qu'un autre, qui exprimerait en valeur planimétrique une *Quantité élevée à la Puissance Seconde*, et $\frac{1}{2}$ de plus qu'un Autre, qui exprimerait en valeur de même genre une *Quantité élevée à la Puissance* 1re; en un mot un Quarré, qui soit en surface le *Moyen-Proportionnel-Aritbmétique* entre le Quarré Circonscrit dans un Cercle, et un autre, qui contienne en valeur de même genre le Quadruple de l'Inscrit correspondant; et ainsi jusqu'à l'infini.

qui n'ont la moindre analogie avec celles que je viens d'établir par mon nouveau Système, ils préférent de croire et de debiter que la *Base d'un Quarré donné est incommensurable avec sa Diagonale respective*; et de là, comme une suite de la première erreur il résulte que beaucoup de Mathématiciens très respectables de nos jours à la vue de mon Rapport-Longimétrique 5 à 7, et 7 à 10 (5), sans réfléchir, disent tout de suite „ Celà ne peut, ni ne doit pas être; car si on „ admettait en Géomètrie des Conclusions semblables on „ détruirait tout à fait le fameux *Théorème de* PY- „ THAGORE; et on ne devrait plus alors regarder „ comme une Vérité claire et démontrée celle que le „ Quarré formé sur l'Hypothénuse d'un Triangle rectan- „ gle quelconque est égale en Surface à la Somme des „ deux autres formés sur les côtés respectifs du Trian- „ gle supposé; ce que ferait en Géomètrie une absur- „ dité des plus rebutantes: En effet, continuent de di- „ re mes Contradicteurs, quelle Vérité plus claire et „ évidente que 5×5 = 25 n'est pas la moitié exacte „ de 7×7 = 49; et que 7×7 = 49 n'est pas non- „ plus la moitié exacte de 10×10 = 100?......"

7. Cette objection, cependant, de quelque manière que ce soit qu'on veuille la regarder, n'existe que dans l'imagination de ces Calculateurs superficiels, qui sont entêtés qu'en Mathématique on ne doit pas autrement considérer les Lignes que comme les Bases respectives d'un Quarré et jamais comme des simples et pures Longueurs; absurdité aussi grande et remarquable que celle de croire et vouloir persuader que le *Composé* est avant ses *Composans:* Mais je pense qu' étant l'Inventeur d'un nouveau Système, j'ai bien le pouvoir et le droit d'é-

d'établir avec mes régles de doctrine des *Théories* et des *Hypothèses*, qui quoique inconnues jusqu' ici et apparemment contraires aux principes solides, qui sont reçus, n'en sont pas moins de nature géométrique et par conséquent admissibles ; et je prie sur cet Article tous ceux, qui ne voudront pas se rendre à la force de mes raisons de démontrer géométriquement pourquoi je ne dois pas être libre d'opérer ainsi....

8. Que 5X5 n'est pas la moitié exacte de 7X7 ; comme 7X7 non plus la moitié exacte de 10X10 ; cela est trop vrai pour le contredire; mais cela ne detruit point du tout le *Rapport-longimétrique* que je viens de fixer et qui est tellement incontestable que si par principes-longimétriques on soustrait de la Longueur, qui désigne la Diagonale d'un Quarré quelconque la valeur de sa Base respective ; et si après cela on divise le Reste, qui en resultera en deux, ou en trois parties égales; on aura dans le premier cas, par la moitié du Reste énoncé une *Ligne*, qui non-seulement sera la *Partie aliquote commune* entre la Longueur de la Base, et celle de la Diagonale supposées, mais qui mesurera exactement *Cinq-fois* la premiere et *Sept-fois* la seconde; et dans l'autre cas, par le tiers du Reste en question, on aura une Ligne la quelle non seulement sera, comme dans le Ier. Cas, la *Partie aliquote commune* entre la Longueur de la Base, et celle de la Diagonale supposées, mais qui mesurera exactement *Sept-fois* la premiere, et *Dix-fois* la seconde.... Voilà un fait; et le fait est la démonstration des démonstrations, comme disait très bien l'illustre BARON DE VERULAME.

9. Mais, dira-t-on!.... „Que nous resterait-il, donc, „ de certain en Mathématique, si égarés par des Con-

„ traditions femblables on parvenait, par l'évidente op„ pofition de deux, ou de plufieurs Vérités géomé„ triques, à nous faire douter de l'utilité et régularité „ de cette Science?".... Je reponds à ceux qui parleront ainfi, qu'il faut être un Mathématicien, habitué à réciter fimplement les Vérités géométriques fans les avoir jamais analyfées et définies pour raifonner de cette façon, et pour fe perfuader d'une abfurdité, aussi apparente, qu'impossible.

10. Lorsque deux, ou plufieurs Vérités-Géométriques peuvent chacune fe *réduire à l'abfurde*, pour ne pas douter de leur réalité, comme on doit regarder fans doute la *Vérité-Planimétrique du Théorème de l'Hypothénufe*, et celle de mon *Rapport-Longimétrique entre la Bafe et la Diagonale d'un Quarré quelconque*, il n'est pas posfible d'être un vrai Géomètre, et de foupçonner en elles la moindre contradiction, qui fût réelle et effective: On pourrait bien y rencontrer des difficultés, qui empêcheraient d'en concevoir au premier coup d'œïl la beauté et régularité, mais toutes ces difficultés ne doivent pas fe regarder autrement que comme un effet de l'infuffifance des lumières qu'on a reçues, ou vraiment comme un effet de l'ignorance de quelques autres Vérités préliminaires, ou intermédiaires, qui ont en elles mêmes des Propriétés inhérentes, qui font capables, non-feulement de mettre au vrai jour celles, qu'on a de la difficulté à bien concevoir, mais qui font capables en outre d'éloigner d'elles-mêmes, ou de celles-ci toute forte d'apparente contradiction qu'on y pourrait foupçonner.

11. Tel est le cas de l'apparente contradiction qu'on croit exister entre l'incontestable *Rapport-Longimétrique*

5 à 7

5 à 7 et 7 à 10, qui je viens de fixer (5) et le *Résultat très-évident du célèbre Théorème de l'Hypothénuse :* mais comm'il existe sans contredit dans l'exacte *Sience du Calcul* et proprement dans les *Conclusions-désinitives*, qui résultent de la *Solution exacte et régulière du Probléme de la Quadrature du Cercle* une Vérite fondamentale inconnue jusqu' ici et qui est bien capable non-seulement d'établir l'équilibre desiré entre le *Rapport-Longimétrique* et le *Résultat*, ci-dessus énoncés, mais qui est propre à en éliminer toute apparente contradiction, dont ces deux Vérités pourraient se rencontrer entralacées : je prie, pour ceia, tous les Savans-Géomètres, qui entreprendront de lire et d'examiner mon invention sur la *Quadrature du Cercle*, et qui au premier coup d'œïl ne seront point du tout satisfaits des *Conclusions-Longimétriques* que je viens de tirer de la solution du Problême de mon invention, rapporté par la Proposition IIIme de mon Ouvrage ; je les prie, dis-je, de suspendre leur jugement, et de suivre leur lecture et leur examen jusqu'à ce que mes *Conclusions-désinitives* sur le Problême, qui forme le principal objet de mon travail, soient connues et développées ; et alors, j'en suis plus que sûr, on verra clairement, que comme le *Rapport-Longimétrique* que je viens de fixer (5) est le véritable et seul moyen, qui conduit à la *Solution exacte et régulière du Probléme de la Quadrature du Cercle ;* ainsi par une Loix, inhérente à l'exacte *Science du Calcul*, ce n'est que par cette *Solution* qu'on peut justifier et donner exactement à connaître l'immense utilité et régularité du *Rapport* énoncé; puisque ce n'est que par cette *Solution* qu'on peut acquerir pour

 les

les progrés de la Géométrie le véritable moyen ſcientifique de *réduire ſous un même dénominateur*, et dans les termes les plus ſimples qu'il est posſible les *parties-aliquotes communes*, qui conſtituent la Valeur exacte et effective de deux, ou pluſieurs *Surfaces* de figure quarrée, miſes en rapport avec leur *Périmètre* respectif et correspondant.... Véritable moyen ſcientiſique, qui, pour n'avoir pas été jusqu' ici connu, a été la cauſe d'une ſi longue digresſion, que je crois déformais tems de terminer pour reprendre la *Relation* que je vais continuer de donner.

12. Revenant, donc, à notre *Relation*.... Puisqu'il est une *Donnée-mathématique réduite en Axiome*, celle que le *Rapport-Linéaire* de la Baſe à la Diagonale d'un Quarré quelconque *rabaisſé in infinitum-maximum* est comme 5 à 7; et que celui de la Baſe à la Diagonale d'un Quarré quelconque *élevé in infinitum-minimum* est comme 7 à 10 (*a*): Comme par les *Théories* que je viens d'établir par les *Régles de doctrine*, qui ſuivent ma Ire *Propoſition* (*b*) „ la Baſe du Quarré, „ qui doit contenir la même Surface d'un Cercle donné, „ doit être en Longueur la *Moyenne-Proportionelle Arithmétique* entre le *Diamètre* du Cercle énoncé et la *Baſe* „ *de ſon Quarre-Iſoperimétrique*;" ou ce qui est la même choſe „ la *Moyenne Proportionelle Arithmétique* entre „ la *Baſe du Quarré circonſcrit* dans le Cercle ſuppoſé „ et la 4me *Partie de ſa Circonférence rectifiée*:"..... Et comme par les autres *Théories* que je viens également d'établir par les *Régles de doctrine*, qui ſuivent ma

(*a*) Voyez la Pag. 16; Num. 14 à 29 de mon Ouvrage.
(*b*) Voyez la Pag. 1; Num. 1 de mon Ouvrage.

ma *Proposition* IIme (*a*). „ La *Base d'un Quarré*, „ qui soit l'*Isopérimètre exact de la Circonférence* „ *d'un Cercle donné*, doit être en Longueur le Ir. *Conséquent* en croissant et le *Second-Antécédent en décroissant* „ *sant d'une Proportion-Arithmétique en raison conti-* „ *nue*, qui eût par ses *deux Termes-extrèmes* la Base „ du Quarré-Inscrit et celle du Circonscrit dans le Cer- „ cle supposé :" Après tout cela quelle Vérité plus claire et évidente que donnant à la Base du Quarré-Inscrit dans le Cercle supposé la *Caractèristique* 7, et à celle de son Circonscrit correspondant la *Caractéristique* 10, la *Base du Quarré-Isopérimétrique* recherché ne doit êtré que 8, de même que *Celle de l'Isoplanimètre* correspondant ne doit être que 9?.... Quelle Vérité plus incontestabile, en effet, que ce n'est que le nombre 8 celui, qui est le *Ir. Conséquent en croissant* et le *Second-Antécédent en décroissant* de la *Proportion-Arithmétique en raison continue*, qui eût par ses *Extrèmes* les nombres donnés 7 et 10?.... Quelle Vérité plus pure et plus certainne que celle que le nombre 9 est le *Moyen-Proportionnel Arithmétique* entre les deux nombres 8 et 10, qui designent l'un la Base du Quarré-Isopérimétrique du Cercle donné, et l'autre une Ligne parfaitement ègale en Longueur au Diamètre du Cercle énoncé?.... Ce sont des Vérités tirées du raisonnement pur et net, et qui sont fondées sur les principes sacrés de la recte Raison, à l'appui des quels simplement et non des autres Bases la Science exacte des Mathématiques prend sa source et sa consistance.

13. Je

(*a*) Voyez la Pag. 13; Num. 12 de mon Ouvrage.

13. Je ne me suis pas pourtant contentè de déduire les Vérités énoncées (12) du pur et simple raisonnement : j'ai voulu en Mathématicien soumettre mon raisonnement aux effects de la démonstration ; et pour cela j'ai passé par des Opérations-Géométriques les plus régulières, et exactes, comm' on peut bien voir par mon Ouvrage (*a*), à la *Trisection de l'Angle de distance*, qui marque sur un *Plan-Quarré*, qui eût pour *Base* une *Ligne* égale au *Diamètre d'un Cercle donné à quarrér*, la *Différence de la Grandeur-Planimétrique*, qui existe entre sa propre *Surface* et celle d'un autre, qui fût *Inscrit* en dedans du *Plan-Quarré supposé*.

14. L'Angle enoncé, en effet, ayant été géométriquement coupé en trois parties égales (*b*) ; et par cette opé-

(*a*) Voyez la Pag. 39 ; Num. 36 de mon Ouvrage.

(*b*) Comme toutes mes *Démonstrations-Planimétriques* sont tirées du pur et net raisonnement fondé sur le principe que „ Toute „ sorte de Théorie est fort inutile dans la Sociètè Civile et dans „ l'usage de la vie humaine si elle ne peut aucunement se réduire „ à la Pratique et se soummettre à l'expérience ; " ainsi toutes mes Opérations-géométriques ont en elles-mêmes la proprièté, si essentielle en Mathématique, d'être parfaitement exactes, et de là vient que je puis bien aisement, et sans la moindre difficulté les soumettre à la Pratique et à toute sorte d'Expérience. En vertu, donc, de ce pouvoir, jusqu' à ce moment simplement particulier à moi, à fin de convaincre jusqu' à l'évidence quelques-uns des vrais, ou faux incrédules, qui existent entre la grande masse des Géomètres connus, j'ai voulu par la *Méthode* et les *Règles de Doctrine* que je viens d'établir avec mon nouveau Systè-me, donner en pratique sur un *Angle-droit* de carton coupé la *Trisection-géométrique de l'Angle*, telle que je viens de la donner par mon Ouvrage (Pag. 39 ; Num. 36.).... Les faux Aristarques, qui furent présens à cette très-marveilleuse expérience, aussi bien à Len-

opération étant resté coupé encor en trois parties égales la *Ligne-Hypothétique*, qui en mesure l'Ouverture au Compas ; j'ai marqué alors, sur tous les quatre côtés, qui designaient le *Reste de la Longueur*, dont la *Diagonale* du Quarré-Circonscrit dans le Cercle donné surpassait celle de l'Inscrit correspondant, les deux points, qui en marquaient la *Trisection* ; et aprés tout cela j'ai formé sur les huit points énoncés les deux Quarrés, qui comme nous venons de faire observer (12) devoient

à *Londres*, qu' à *Amsterdam*, et qui avaient précédemment lû et examiné mon Livre, pour ne pas soupçonner en eux l'ignorance de mon procédé géométrique, eurent non-obstant tout cela l'effronterie et la mauvaise foi de débiter par tout, et particulierment aupres de quelques-uns, qui s'interessaient en faveur de mes découvertes, que ,, ma prétendue *Trisection de l'Angle* est ,, tout à fait *Méchanique* ; et conséquemment d'aucune utilité, ,, mais un simple jeu d'enfans."... Comment, parmi des hommes, qui prétendent d'être quelque chose en mathématique, on doit se permettre de caractériser *méchanique* une *Démonstration* fondée sur *Principes-axiomatiques* et tirée de *Régles de Doctrine*, dont on peut par un procédé analogue établir pour le bien de la Science une *Théorie-générale*, qui soit propre à produire le même effet dans tous les cas semblables?.... Qu'entendent, donc, ces soidisans Géomètres par le mot de *Démonstration-méchanique*?.... Je ne me donne pas la peine de faire d'autres observations sur ce propos : mon Livre existe ; et comme, parmi la masse des imbécilles et feints Géomètres, il en existe beaucoup et par tout, que ont en même tems, et du bon sens, et de la bonne foi; j'en appelle à eux et à leur Sagesse et Probité ; leur rappellant simplement que si pour devenir bon Mathématicien *il faut*, comme on dit, *faire abstraction de tout ce, qui tombe sous nos sens ;* il ne faut pas croire, cependant, qu' il soit permis de renoncer absolument à l'expérience en se rendant esclave de la simple Théorie, tellement qu' on risque de l'abbandonner à l'erreur et de ne forger que des chimères.

voient désigner par leurs *Bases respectives les deux termes Moyens-Proportionnels*, entre la *Base de l'Inscrit*, et *celle du Circonscrit dans le Cercle donné à quarrer;* Comm' on peut bien voir par la *Fig. IVme; Pag.* 39, et suivantes de mon Ouvrage.

15. Combien est-il vrai que tout est sûr et régulier, lorsqu' on prend le bon chemin et on a soin de ne jamais s'en écarter!.... Je voulus tout de suite comparer entre elles pour ce, qui regardait leur Longueur les quatre Lignes, qui constituaient les Bases respectives des quatre Quarrés désignés; et je trouvai, alors, que le fait correspondoit parfaitement au raisonnement que je venais d'établir; et que, par conséquent, il n'y avoit lieu plus à faire douter que les difficultés insurmontables qu'on avait constamment rencontrées, depuis ARCHIMEDE, jusqu' à nos jours, contre la Solution exacte et régulière du célèbre Problême de la *Quadrature du Cercle* dependaient positivement de trois choses; savoir: I°. De n'avoir jamais conçu la nécessité absolue et indispensable de déterminer longimètriquement la Raison-exacte, qui passe entre la Longueur de la Base d'un Quarré quelconque et celle de la Diagonale correspondante; ou ce qui est la même chose entre la Longueur de la Base respective d'un Quarré-Inscrit dans un Cercle quelconque et celle du Circonscrit correspondant: Car étant en Géomètrie une déduction sûre et certainne celle que le *Quarré-Isoplanimétrique d'un Cercle donné* on ne peut autrement concevoir que parmi les immenses *Quarrés-intermédiaires* qu'on peut former entre le Quarré-Inscrit et le Circonscrit dans le Cercle supposé; et consequemment qu'on ne peut autrement concevoir, que dans un *Quarré* de tel-

telle valeur que la *Longueur de sa Base*, aussi bien que la *Largeur de sa Surface* formeraient toujours une Raison quelconque avec la *Longueur de la Base* et la *Largeur de la Surface* des *Quarrés*, *l'Inscrit* et le *Circonscrit* cy-dessus énoncés : il est h rs de doute qu'on cherchoit une chose moins une autre de nature primitive, et pr cédente, lorsqu' on s'occupait du *Probléme de la Quadrature du Cercle* avant que d'éliminer cette monstrueuse *Incommensurabilité* entre la *Longueur de la Base* et *celle de la Diagonale d'un Quarré quelconque*, dont généralement font usage tous les Mathématiciens les plus illustres de nos jours dans l'achevement de leurs Opérations-géométriques...... II°. De l'ignorance qu'on a généralement eu jusqu' ici de la *Solution exacte et réguliére du Problême* essentiellement préliminaire de celui de *la Quadrature du Cercle* et qui est connu sous le nom de la *Trisection de l'Angle*; Problême, dont la plus grande partie des Géomètres-modernes les plus connus et reccomandables a déclaré l'abbandon sans réfléchir que ce n'est que par la *Trisection de l'Angle* qu'on peut acquérir la *méthode géométrique* de partager un Angle quelconque donné en un nombre déterminé de parties aliquotes, lorsque le nombre desiré loin d'être 2, 4, 8, 16, 32, *&c*.... fût au contraire un nombre impair, comme 5, 7, 9, 11, 13, *&c*.... Connoissance tellement nécessaire et indispensable dans le Calcul bien réglé, que sans elle, pour ne pas être obligé de donner toujours dans les délires continuels, dont les Géomètres-modernes, malgré eux, doivent accompagner leurs Démonstrations-approximatives, il ferait beaucoup mieux de fermer tous les Livres de Mathématiques et oublier tout

 à fait

à fait qu'on est Géomètre, que de se fouiller continuellement les mains dans le sang de cette *Science*, qu'on peut sans exagération appeler *Divine*, puisqu' elle est la même que le GRAND et IMMORTEL ARCHITECTE employa dans la *Création de l'Univers.....* III° De s'être entêté à croire, sur les traces fausses et irrégulières d'ARCHIMEDE, que dans l'établissement du *Rapport entre le Diamètre et la Circonférence d'un Cercle donné*, dont immédiatement dépend l'Invention de la *Base de son Quarré-Isopérimétrique*, et conséquemment sa *Rectification* et sa *Quadrature* (*a*) la *Raison* 7 à 22 qu'on peut déduire du *Rapport-approximatif* et *irrégulier* 7 à plus que 21 et moins que 22, dont généralement jusqu' ici ont fait usage tous les *Quadrateurs-approchans*, est trop forte; lorsqu'au contraire selon le *Rapport* 5 à 16, que je viens d'établir pour exprimer la *Raison-exacte*, *qui passe entre le Diamètre et la Circonférence d'un Cercle quelconque*, elle n'est que trop faible et manque de $\frac{1}{8}$: erreur très-considérable dans un *Cercle*, qui aurait le *Diamètre* égal à 7, et qui enveloppe le Calcul de l'inexactitude la plus grande et la plus embarassante.

16. Mais!.... dira-t-on.... „Si ce n'est que par la „ voie du *Rapport* 5 à 16, que Vous venez d'établir „ par votre Ouvrage à fin d'exprimer la *Raison-longimétrique du Diamètre à la Circonférence d'un* „ *Cercle quelconque* que Vous prétendez de rejeter „ celui d'ARCHIMEDE; la même raison sans contredit „ doit

(*a*) Voyez l'ENCYCLOPEDIE, *Art. Quadrature du Cercle* et *Rectification*.

„ doit militer en faveur des *Quadrateurs-Approchans* „ contre votre *Rapport* 5 à 16; avec une particularité „ de plus, en faveur des *Sectateurs d'*ARCHIMEDE, „ que leur *Raiſon approximative* étant déjà générale- „ ment connue et adoptée, ils ſont en certainne ma- „ nière en droit de jouir en préférence de votre *Rap-* „ *port* de tous ces égards, qui naturellement ne ſont „ dûs qu' à celui, qui est en poſesſion pacifique d'une „ choſe en face d'un autre, qui par des innovations „ cherche à lui en dérober le droit.".....

17. Voilà, enfin, le faible resſort ſur le quel est appuyée, en ſoûtien des Géomètres du jour, la Baſe fondamentale des raiſons qu'on employe pour combattre et dètruire, ſi cela était posſible, la Découverte géométrique la plus utile, la plus importante, et la plus nécesſaire et indispenſable pour le bien et le perfectionnement des Sciences exactes?.... Je ne crois pas, ni ne puis pas me déterminer à croire que aucun des ſages et illustres Géomètres de l'age où nous ſommes, qui par leurs talens et leur ſavoir ſont bien dans le cas de donner le plus frappant esſai du raiſonnement dont ils ſont capables; je ne crois pas, ni ne puis pas me résoudre à croire, dis-je, que aucun d'eux veuille faire uſage de raiſons ſemblables contre mon Invention; et pour cela je me permets de dire, vis à vis tous ces ſoi-diſans Géomètres, qui me feront des Obſervations pareilles à celle que je viens de rapporter (16), que c'est une manière de déraiſonner et de chicaner, plutôt que de démontrer géométriquement l'invalidité de ma Découverte.... Quelle Analogie, en effet, entre la régularité et utilité évidente d'une *Démonſtration fait en rigueur*, comm' est celle dont je tire mon *Rapport*

5 à 16,

5 à 16 et l'irrégularité et inutilité évidente d'une *Démonstration-approximative* quelconque ; pour pouvoir présumer une égalité de droit entre les motifs, qui excitent les *Quadrateurs-approchans* à soûtenir, contre les miennes, leurs *fausses et inutiles Conclusions* et les motifs que j'ai en faveur de mes *nouvelles Théories* et *Doctrines*, quoique entièrement destructives et opposées de celles de mes Antagonistes? .... Que mes Antagonistes essaient par la voie de leur *Rapport-approximatif* et *indéterminé* 7 à plus que 21 et moins que 22 de démontrer géométriquement pour quoi en Mathématique un *Angle droit quelconque*, ne doit pas se calculer que comme étant égal à 90° ; comme je puis bien faire par mon *Rapport-exact et régulier* 5 à 16 (*a*).... Qu'ils cherchent par des raisonnemens gé-

(*a*) Comme par les principes les plus solides, qui sont reçus en *Trigonométrie* „ Un *Angle* quelconque est égal aux *Dégrés* et „ *Minutes*, qui sont contenus dans l'*Arc de Cercle*, *qui le mesure:* " Ainsi il est bien clair que pour démontrer mathématiquement cette Vérité, il faut indispensablement connaître la *Méthode exacte et régulière de réduire à Cercle la Surface et le Contour d'un Quarré donné*.... Cela étant entièrement impossible par les principes-approximatifs, qui sont reçus et qui ne présentent que des *Conclusions*, dont il n'est pas possible de tirer la moindre *Analogie :* de là vient que tous les Géomètres, jusqu'ici, reconnaissent dans leurs Calculs qu'un *Angle-droit* doit se computer égal à 90° ; puisqu' ils supposent comme une *Donnée-mathématique*, *que la Somme de ses deux Côtes soit égale en Longueur à la 4.e partie de la Circonférence d'un Cercle*, *évaluée* 360°.... Pourtant cette supposition, quoique bien vraie et incontestable, ne pourra être démontrée par eux mathématiquement d'aucune manière, et ils doivent, par conséquent, se borner à croire cette Vérité, tel que les bons et parfaits *Chrétiens* croyent les *Articles de leur foi*.... Voilà les admirables progrés qu'on

géométriques fondés fur les principes folides, qui font généralement connus et adoptés dans les Mathématiques, de confuter ma *Démonftration-Ifopérimétrique fur la Quadrature du Cercle* (*a*), comme je fis, par mon Livre, de celle d'ARCHIMEDE (*b*), qui est tout à fait fondée fur une *Hypothèfe faufse et imaginaire;* ou s'ils ne veulent pas fe donner cette peine, qu'ils cherchent, fans contredire les *Principes-incontestables*, qui font généralement reçus dans la *Science du*

qu'on peut faire en Mathématique avec l'inutile fecours de la *Méthode-approximative!*... Par mes *nouvelles-Théories*, cependant, rien de plus facile; puisque connaisfant par elles que la *Longueur de la Bafe d'un Quarré*, qui ferait l'*Ifoperimètre d'un Cercle donné* et qui est égale à la 4me *partie de fa Circonférence*, et confequemment égale à la *Somme des deux Cotés*, qui renferment dans leur Ouverture l'*Angle droit du Quarré fuppofé*, est à la *Longueur du Diamètre du Cercle énoncé*, comme 8 à 10: ayant en outre le *moyen-analogique* de déterminer le *Rapport-exact du Diamètre à la Circonférence d'un Cercle de* 360°.... On pourra tout de fuite opérer en difant ainfi, fi

$$\div\ 16 : 5 :: 360° : \frac{360° \times 5}{16} = 112°\ 30' \ldots\ldots$$ ainfi de même

$$\div\ 10 : 8 :: 112°\ 30' : \frac{112°\ 30' \times 8}{10} = 90° \ldots\ldots$$ C. Q. F. F.

Si quelqu'un croit, pourtant, que j'ai manqué en quelque manière dans mon raifonnement, ou dans les deductions que je viens de tirer, j'implore de lui, que pour l'interêt des Sciences, dont tout honnête Homme letré doit foigner le bien, il fe fasfe un devoir de confuter et de démentir en face du Public tout, ou une partie de ce que je crus devoir indispenfablement expofer par cette *Note*....

(*a*) Voyez la Pag. 41; Num. 37 à 54 de mon Ouvrage.

(*b*) Voyez la Pag. 64; Num. 59 à 67 de mon Ouvrage.

du Calcul (a), à démontrer géométriquement la régularité et exactitude des *Principes*, dont ils font usage et

(a) Pour éclaircir mon idée, à fin de ne pas tomber dans le moindre équivoque, il faut savoir que par les, Principes énoncés je n'entends autre chose que les *Théories de Convention*, ou les *Vérités géométriques* simples et pures, qui sont tirées, ou déduites d'un *Axiome*, ou d'une *Démonstration quelconque réduite en Axiome*.... Ces *Théories* et *Vérités* sont de la même nature que quelques-unes que pour en donner un parfait exemple je vais rapporter ci dessous; savoir

I. *Le Terme Moyen-Proportionnel de deux autres en raison Arithmétique*, n'est qu'une *Quantité-déterminée*, qui surpasse le *premier-terme* de la même valeur exacte, dont elle est surpassée par le *troisième*; et réciproquement.

II. *Le Terme Moyen-Proportionnel de deux autres en raison géométrique*, n'est qu'une *Quantité-déterminée*, qui contient le *premier-terme* autant de fois qu'elle est contenue dans le *troisième*; et réciproquement.

III. *Les Termes-extrêmes d'une Proportion*, *ou Progression* quelconque doivent absolument être et se regarder dans les Opérations exactes de mathématique, comme de *Raison-donnée*, et réciproquement.

IV *Si à des Quantités égales*, *ou proportionnelles* on y ajoute, ou on y défalque des *quantités égales de même genre* le *Résultat* sera toujours dans le même *Rapport* qu'auparavant.

V. Les *Lignes* sont à la *Longimétrie*, comme les *Surfaces* à la *Planimétrie*, comme les *Corps* à la *Science des Solides*, comme les *Angles* et les *Triangles* à la *Trigonométrie*, comme les *Contours d'une Surface* quelconque à l'*Isopérimétrie*, comme les *Nombres* à l'*Arithmétique &c. &c.*

VI. Si les *Lignes*, les *Surfaces*, les *Corps*, les *Angles*, les *Triangles*, les *Contours d'une Surface* quelconque, les *Nombres*, *&c. &c.* ne sont que les *Exposants des Grandeurs* constitutives de la *Science-respective*, dont ils forment la *Base* et la *Mesure*: Par une *Théorie* vraiment géométrique on ne doit entendre que simplement celle, dont, en changeant à volonté les *Exposans*, les mêmes *Principes* et les mêmes *Régles de Doctrine* étant données il en résulte toujours en relation les mêmes effets.... Ainsi de Principes semblables.

et qui font diamétralement oppofés aux miens; et alors qu'ils viennent en face de moi avec des droits de préférence et d'égalité : mais, fi cela est impossible, comme j'en fuis fûr, qu'ils adoptent, donc, la mefure de fe taire et de rentrer bonnement, au fein de la *Raifon* et de la *Vérité*, d'où à caufe des faux principes qu'ils ont reçus, ils fe trouvent malgré eux entièrement écartés.

18. Pour fuivre, en attendant, la *Relation* qu'on est occupé d'achever; ayant fixé une fois come autant *d'Axiomes-irréfragables* les deux *Conons* (*a*) que je viens d'établir à l'appui des *Conclufions* qu'on peut tirer, et que j'ai tiré, de ma *Démonftration-Ifopérimétrique fur la Quadrature du Cercle* (*b*); et ayant fixé de même les *Régles de Doctrine* qu'on peut établir à l'appui de la *Démonftration-analytique* du Théorème rapporté par la *Propofition Vme de mon Ouvrage* (*c*): Puisque par le raifonnement, ausfi bien que par la *Démonftration-Analytique* et *Synthètique*, données fur la *Fig. IVme* de mon Ouvrage, la Bafe du Quarré-Infcrit dans un Cercle quelconque étant 7, et celle du Circonfcrit correspondant étant 10, la Bafe de *l'Ifopérimètre* du Cercle fuppofé ne doit être que 8; et de même puisque la Bafe du *Quarré-Ifopérimétrique* d'un Cercle quelconque étant 8, et celle du Circonfcrit correspondant, égale en longueur au Diamètre du Cercle fuppofé, étant 10, la Bafe du Quarré, qui fût *l'Ifoplanimètre-exact* de celui-ci, ne doit être que

(*a*) Voyez la Pag 53; Num. 47 et 48 de mon Ouvrage.

(*b*) Voyez la Pag. 41; Num. 37 à 67 de mon Ouvrage.

(*c*) Voyez la Pag. 73; Num. 68 à 71 de mon Ouvrage.

que 9...... Pasſons à préſent à examiner, et à voir ſi la Somme de deux Surfaces, qui déſignent le Quarré-Inſcrit et le Circonſcrit dans le Cercle donné, ſont ausſi bien que la Longueur reſpective de leurs Baſes, en parfaite *Proportion-Arithmétique* avec la Somme des deux autres, qui déſignent la valeur planimétrique du *Quarré-Iſoplanimétrique*, et *Iſopérimétrique* du Cercle ſuppoſé; et par conſéquent pasſons à vérifier ſi par les opérations réſultantes de mes nouvelles *Théories* et *Régles de doctrine* la *Propoſition* — 47me, *du Liv. Ir. des Élémens* D'EUCLIDE, inventée par l'immortel PYTHAGORE, reste en quelque manière dégradée, ou endommagée, comme l'on a ſoupçonné.

19. Cependant, pour parvenir à la connaisſance exacte de cette Vérité, n'il faut pas commencer brusquement par dire: „ Si le nombre 5, qui ſelon les Princi-„ pes fixés, doit déſigner dans un Cercle de Diamètre „ égal à 10 la Longueur de ſon Rayon multiplié par „ le nombre 16, qui en devrait déſigner la *Demi-cir-„ conférence*, ne produit que ſimplement 80: étant re-„ çu et démontré en Géométrie que *la Surface d'un „ Cercle quelconque est parfaitement égale de celle „ d'un Triangle-rectangle, qui eût par Hauteur le „ Rayon du Cercle ſuppoſé, et pour Baſe une Li-„ gne égale à ſa Circonférence rectifiée* (*a*); et con-„ ſéquemment, par une parfaite *Homogénéité de Pro-„ portion*, étant reçu et démontré que *la Surface de-„ mandée, égale à cette derniere, est égale, de mê-„ me, de celle d'un Quarré-Long, qui eût l'un de „ ſes côtés égal en Longueur au Rayon, et l'autre à „ la*

(*a*) *Voyez l'Encyclopédie, Art. Quadrature du Cercle, et Rectification.*

la Demi-Circonférence du Cercle donné pour quarrer: Comment, donc, me disent-ils, s'adressant à moi; Comment, donc, pouvoir jamais combiner ces deux *Vérités* avec la *Conclusion* que Vous venez de tirer par votre *Démonstration-Isoplanimétrique* (a) par la quelle Vous donnez à la *Base* du *Quarré*, qui aurait la même *Surface* qu'un *Cercle*, dont le *Diamètre* serait en *Longueur* égal à 10, la *Caractéristique* 9; puisque rien de plus sûr, ni de plus incontestable que 9×9 est égal à 81, et point du tout à 80, comme il devrait se vérifier, si vos *Théories*, *Démonstrations* et *Conclusions* si vantées, étaient exactes et géométriques.

20. Cette observation, pourtant, n'est que la même objection qu'on fait contre mon *Invention Longimétrique du Rapport exact entre la Base et la Diagonale d'un Quarré quelconque* (6); et elle depend précisement de l'ignorance qu'on a généralement jusqu'ici de la *Base du Calcul-Intégral*, dont on a absolument besoin dans la *Planimétrie* pour mesurer et comparer exactement et selon les pures régles de *l'Arpentage* deux ou plusieurs *Surfaces-Quarrées*, soit entr' elles, soit avec leur *Périmètre* respectif et correspondant: Connaissance sans la quelle il est tout à fait impossible *d'aliquotiser* entr' elles les parties respectives, qui constituent la *Valeur-effective* de deux, ou de plusieurs *Surfaces-Quarrées de différente grandeur*.

21. Je laisse de côté toute sorte de raisonnement et d'observations ; dont je pourrais en Mathématicien me prévaloir pour convaincre mes Contradicteurs de l'Erreur

(a) Voyez la Pag. 76; Num. 72 à 85 de mon Ouvrage.

reur qu'ils mettent au jour, lorsqu'ils débitent et donnent à croire par une Objection, comm' est celle qu'on vient dernièrement de rapporter (19) qu'en Mathématique il n'existe que trop de Vérités contradictoires entr' elles; et par conséquent des Vérités, dont bien fouvent il faut tout à fait s'écarter pour ne pas en détruire une ou plufieurs autres de différente espèce, quoique tout ausfi vraies et esfentielles que les premières..... Je dis fimplement qu'il faut avoir rénoncé au bon fens pour foupçonner qu'en Mathématique il y ait des Vérités oppofées à des Vérités: Car la Vérité dans la Science du Calcul étant une, pure et fimple; de là vient immanquablement que lorsqu'elle est *exacte et réduite à l'abfurde* (*a*) jamais on y pourra foupçonner la moindre équivoque, qui foit réelle et véritable.

22. Mais, puisque mes Contradicteurs pour détruire et renverfer la plus belle, la plus nécesfaire et la plus utile découverte, qui ait jamais paru dans le Monde pour le bien et le perfectionnement des Mathématiques; comme on doit regarder fans doute la *Solution exacte et régulière du célèbre Problême de la Quadrature du*

(*a*) *La Réduction à l'abfurde* en Mathématique est une *Démonftration-négative* qu'on donne à la fuite de l'affirmative correspondante: On la nomme *Réduction à l'abfurde*, puisque par elle on conclud que „ ce ferait une manifeste Abfurdité de croire le „ contraire de ce qu'on vient affirmativement de démontrer.“ Quoique la plus grande partie des Mathématiciens n'ignore pas, ni ne doit ignorer ce que c'est que la *Réduction à l'Abfurde*, cependant pour ne laisfer rien fans les éclaircisfemens nécesfaires, j'ai cru bien faire en y donnant pour ceux, qui pourraient bien fe rencontrer dépourvus de cette connaisfance, la *Définition* correspondante et convenable.

du Cercle, que je viens de publier à *Londres*, comme je l'ai deja itérativement énoncé; puisque mes Contradicteurs, dis-je, donnent à croire que je cherche par mes nouvelles *Théories* et *Régles de Doctrine* à détruire le fameux *Théorème de l'Hypothénuſe*, rapporté par la *Prop.* 47me *du Liv. Ir. des 'Elémens* D'EUCLIDE; *Théorème*, dont on ne pourrait jamais impunement ſe pasſer en *Géométrie*; avant que d'en donner un jugement, ausſi précipité, qu' extravagant, qu'ils cherchent, avec le Théorème énoncé à la main, à examiner et analyſer avec attention mes nouvelles *Théories* et *Régles de Doctrine*, et qu'ils diſent en ſuite, ſi la fausſeté et irrégularité qu'ils viennent de leur attribuer n'est qu'un pur et ſimple effet de leur imagination échoffée, par la jalouſie de mêtier, ou par un esprit d'émulation très déplacé, comme je le ferai voir.

23. 'A fin, donc, de parvenir exactement et régulièrement à ce que je viens de propoſer; puisque parmi les *Quatre Quarrés de Baſe* 7, 8, 9, et 10, qui, par *l'Expresſion de la Valeur-Longimétrique de leur Baſe reſpective, élévée à la Puisſance* 2me, conduisſent à faire connaître la *Valeur-Planimétrique correspondante des Surfaces*, qui ſont contenues dans les *Quatre Circonférences-Quarrées*, déſignantes le *Quarré-Inſcrit*, *l'Iſopérimètre*, *l'Iſoplanimètre*, et le *Circonſcrit* dans un *Cercle*, dont la *Valeur Longimétrique* du *Diamètre* ſerait égale à 10: Puisque parmi les *Quatre Quarrés* énoncés, comme je viens de dire, le *Quarré de Baſe* 9, qui en déſigne *l'Iſoplanimètre* est en *Surface* parfaitement égal à la *Valeur-Planimétrique* du *Quarré* de *Baſe* 8, qui en déſigne *l'Iſopérimètre* correspondant, plus $\frac{1}{4}$ de la Valeur

 énon-

énoncée: Et cette Vérité est ſi certainne et incontestable qu'il faudrait pour la contredire renverſer auparavant ce célèbre *Théorème de* PYTHAGORE, dont on m'a régardé jusqu'ici comme le deſtructeur (*a*): Cela poſé, s'il est vrai, comme il est incontestable que la *Valeur*, déſignante la *Somme* de *deux Quantités* quelconques, ne peut qu' être égale à la *Valeur*, qui est déſignée par *Une* de ces *deux Quantités*, plus la *Valeur* de ſa *Compagne*: Il n'y a d'autre obſtacle, alors, pour ſe déterminer completement à croire et à adopter la *Vérité-Géométrique*, que „le *Quarré* de *Ba-* „ *ſe* 9 est le parfait *Iſoplanimètre* d'un *Cercle*, qui a „ ſon *Diamètre* égal à 10" excepté celui de vérifier géométriquement, auparavant, ſi un *Quarré-Long donné*, qui eût pour *Hauteur* le *Rayon* d'un *Cercle* de *Diamètre* égal à 40, ou à 30, ou à 20, ou à 10 &c &c. et pour *Baſe* une *Ligne* reſpectivement égale à 64, ou 48, ou 32, ou 16 &c. &c. (*Comme dans la Fig. VII. de mon Ouvrage*) est en proportion parfaitement égal en *Surface*, ausſi bien au *Cercle-ſuppoſé* (*Comme dans la Fig. VI. de l'Ouvrage énoncé*), qu'au *Quarré de Baſe* 36, ou 27, ou 18, ou 9 &c. &c.

(*a*) Qu'on forme, en effet, un *Demi-Cercle* ſur la *Baſe* d'un *Quarré donné* déſignante un *Diamètre*, qui ſoit en *Longueur* égale à 9; et après cela, par les *Régles* preſcrites par le *Théorème de l'Hypothénuſe*, qu'on esſaye de ſoustraire, de la *Valeur-planimétrique* du *Quarré-donné* la *Valeur-planimétrique* de celui, qui aurait ſa *Baſe* égale en *Longueur* à $\frac{8}{9}$ de celle du I^{r}.; et je reponds qu'on restera completement convaincu que le *Reste*, qui en reſultera ſera un *Quarré* de *Baſe* égale en *Longueur* à $\frac{4}{9}$ de celle du I$_{r}$, et conſequemment égale à $\frac{1}{2}$ de celle du *Second* et réciproquement.

&c. (*Comme dans la Fig. VIII. du même Ouvrage*); Et en suite de dire, en voulant exprimer la *Valeur-Planimétrique* d'un *Quarré* de la nature que celui qu'on vient de supposer: „ Le *Quarré* de *Base* 36, „ égal en *Surface* au *Cercle* de *Diamètre* égal à 40, „ est planimétriquement *l'Homogène de Comparaison* du „ *Quarré* de *Base* 32, plus celui de Base 16; et „ conséquemment il est égal en *Surface* à 32×32 + „ 16×16 = 1280, et point du tout égal à 36×36, „ qui produirait 1296.... Le *Quarré* de *Base* 27, „ égal en *Surface* au *Cercle* de *Diamètre* égal à 30, „ est planimétriquement *l'Homogène de Comparaison* du „ *Quarré* de *Base* 24, plus celui de *Base* 12; et „ conséquemment il est égal en *Surface* à 24×24 + „ 12×12 = 720, et point du tout égal à 27×27, qui „ produirait 729..... Le *Quarré* de *Base* 18, égal „ en *Surface* au *Cercle* de *Diamètre* égal à 20, est „ planimétriquement *l'Homogène de Comparaison* du „ *Quarré* de *Base* 16, plus celui de *Base* 8; et con- „ séquemment il est égal en *Surface* à 16×16 + 8×8 „ = 320, et point du tout égal à 18×18, qui pro- „ duirait 324..... Le *Quarré* de *Base* 9, égal en „ *Surface* au *Cercle* de *Diamètre* égal à 10, est „ planimétriquement *l'Homogène de Comparaison* du „ *Quarré* de *Base* 8, plus celui de *Base* 4; et con- „ séquemment il est égal en *Surface* à 8×8 + 4×4 „ = 80; et point du tout égal à 9×9, qui produi- „ rait 81" (*a*): Car autrement il ferait bien ridicule de

(*a*) Par la *Formule-générale*, que nous venons d'exposer, on voit trés-clairement que moyennant la *Solution exacte et régulière du célèbre Problême de la Quadrature du Cercle*, que je viens d'ache-

de ne pas éclaircir dans un moment où on peut bien le faire une *Equivoque*, qui conduirait ſans doute à un *Paralogisme* ſans comparaiſon plus redutable que l'autre que nous venons de faire remarquer par le *Parag.* 7me de cette *Relation;* puisque tel est ſans contredit celui de donner indirectement à croire que les *Compoſans en Planimétrie* ne forment pas une *Raiſon-exacte d'Homogénéité* avec leur *Compoſé* reſpectif; et réciproquement: Ce, que ferait une abſurdité de telle nature, qu'on détruirait, ainſi, tout à fait les principes très utiles et incontestables, qui conſtituent la *Science de l'Algèbre*, à l'appui de la quelle, par loi inhérente à toute ſorte de Science, qui depend directement du raiſonnement pur et ſimple, comme on doit regarder ſans doute la *Science des Mathématiques*, un Calculateur quelconque est et doit ſe conſidérer comme étant parſaitement libre de changer et recompenſer à volontè par une *Expresſion de même Valeur* les *Termes-ſimples*, ou *Compoſés* d'une *'Equation* quelconque.

24. Il

d'achever, il n'y a rien de plus facile au Monde, à dater d'aujourd'hui, que de *Quarrer la Surface et le Contour d'un Cercle* donné: Puisque du moment qu'on a reconnue la maxime que je viens de fonder par mes nouveaux principes (*Voyez le Parag.* 60 *de mon Ouvrage*) ſavoir, celle que dans un *Cercle-donné à rectifier* on ne doit pas attribuer à ſon *Diamètre*, *Type de la Ligne-droite*, d'autres *Caractéristiques* que celle de *décimale*, et à ſa *Circonférence*, *Type de la Ligne-Courbe*, d'autres *Caractéristiques* que celle de Quarrée-Quarrée, c'est à dire *Sphérico-Quarrée:* Quelle que ſoit la *Caractéristiques* dont est marqué le *Diamètre* du *Cercle ſuppoſé* on pourra toujours très facilement obténir à volonté ſa *Quadrature* en élévant la *Caractéristique* énoncée à la *Puiſſance-décimale* et en ſuite opérant par analogie, ſelon la *Methode* déſignée par la *Formule-générale*, que nous venons d' expoſer.

24. Il faut, donc, que tous les *Mathématiciens de la Méthode-Approximative* et tous Ceux, qui jusqu' à ce moment ſemblent n'avoir point été contens et ſatisfaits de mes nouvelles *Théories* et *Régles de Doctrine*; il faut, dis-je, qu'ils commencent à connaître et à conſidérer ſans voile quelques-unes des immenſes Vérités, jusqu' ici inconnues, qu'on peut déduire de la *Solution exacte et régulière du célèbre Problème de la Quadrature du Cercle*, que je viens de donner à l'appui des principes les plus ſolides, les plus purs et les plus indubitables, qui existent dans la *Science des Mathématiques*, et qui ont été des tous les temps et ſont toujours conſtamment reçus et adoptés, même par mes *Antagonistes*, je veux dire par tous les *Calculateurs*, qui ſont uſage et cherchent de produire, autant qu'il est posſible, les principes très-faux et irréguliers de la *Méthode-Approximative*; et par là, qu'ils commencent à connaître et à conſiderer, dis-je, que toutes les apparentes contradictions qu' on a jusqu' ici rencontrées pour ne s'être pas déterminés tout d'un coup à adopter et à ſuivre mes nouvelles et intereſſantes, lumières provennaient poſitivement de ce qu'on ne s'était jamais voulu former une idée juste et parfaite de la *Figure-Quarrée*, qui déſigne le *Grand-Tètragone* de l'immortel PYTHAGORE; Comme je fis très-bien obſerver par la *Note*, *Pag.* 29 *à* 32 *de mon Livre*, *intitulé* = *Soluzione eſatta &c. &c.....* Qu'ils ſachent, premièrement, donc, que

25. Comme il n'existe, dans tous les nombres posſibles, aucun nombre, excepté le *Nombre* 4, ou tout autre, qui puiſſe être exactement meſuré par le nombre énoncé, qui ſoit par principes inhérens à ceux, qui conſtituent

tuent le *Tétragone* de figure vraiment quarrée; puisque ce ne ſont que ſimplement les nombres ſuppoſés ceux, qui étant attribués à la *Baſe d'un Quarré* quelconque ont la Propriété certainne et abſolue de partager la *Valeur* entière de ſa *Surface*, auſſi bien que celle de ſon *Périmètre* reſpectif en un tel *Nombre de parties-aliquotes*, ſemblables à celles, qui ont été données, de pouvoir toujours ſans la moindre contradiction établir une *Raiſon-géométrique* exacte entre la *Valeur des parties-aliquotes planimétriques*, qui conſtituent la *Surface* du *Quarré-ſuppoſé* et la *Valeur des parties-aliquotes longimétriques*, qui en conſtituent le *Périmètre;* et conſéquemment une *Raiſon-compoſée par deux Nombres*, dont on pourra toujours exactement déduire, auſſi bien longimétriquement, que planimétriquement la *Racine-Quarrée correspondante* (*a*)..... En effet, pour en donner une *Régle-gé-*

(*a*) Pour *Racine-Quarrée* d'une *Grandeur* quelconquè on ne doit pas entendre autre choſe que la *Grandeur-ſuppoſée rabaiſſée de deux Puiſſances* et réciproquement: de même que pour *Racine-Cubique* d'une *Grandeur-donnée*, la *Grandeur même rabaiſſée de trois Puiſſances*, et ainſi jusqu' à *l'Infini* et réciproquement (*Voyez la Table de l'Ouvrage* = *Soluzione eſatta &c. &c.*) J'ai donné par la *Note*, *Pag.* 29 *à* 32 *de l'Ouvrage énoncé* un Compte bien détaillé de l'Équivoque, qui avait jetté les *Mathématiciens de la Méthode-approximative* dans l'Erreur, non-ſeulement de croire que la *Racine-Quarrée d'un Nombre-Quarré donné* était le *Diviſeur*, *Homogène de Comparaiſon* du *Quotient*, qui réſulte en ſoumettant à *Diviſion* par lui même un Nombre donné et réciproquement; mais dans l'erreur de chercher, ce qui est bien ridicule, la *Racine-Quarrée*, ou *Cubique*, dans une *Grandeur-donnée*, dépourvue de la *Caractéristique* correspondante; Comme ſi une *Qualité* abſolument reſultante des prérogatives eſſentiellement néceſſaires dans certains cas; donnés ces mêmes Cas, elle pourrait jamais ſe ren-

générale : „ Comme la *Surface* d'un *Quarré*, qui ait „ la *Longueur* de fa *Bafe* égale à $4 = 4^{o} = 4\times 1$ „ reste partagée en un *même-nombre de parties-ali-* „ *quotes* que la *Valeur-entière* de fon *Périmètre-* „ *refpectif* y reste divifée et réciproquement; puisque „ dans ce Cas, aussi fon *Périmètre-entier*, que fa „ *Surface* restent également divifés, en 16 *parties-* „ *aliquotes; Nombre, Homogène de Comparaifon de* „ 4×4..... Ainfi de même, la *Surface* d'un Quarré, „ qui aurait la *Longueur* de fa *Bafe* égale à $8 = 8^{o} =$ „ $4^{\prime} = 4\times 2$ reste partagée en un *nombre*, qui est le „ *double* des *parties-aliquotes* dans les quelles la *Va-* „ *leur-entière* de fon *Périmètre* refpectif reste divifée et réciproquement...... Ainfi de même, la „ *Surface* d'un *Quarré*, qui aurait la *Longueur* de „ fa *Bafe* égale à $12 = 12^{o} = 8^{o} + 4^{o} = 4^{\prime} +$ „ $^{o} = 4\times 3$ reste partagée en un nombre, qui est le „ *triple* des *parties-aliquotes* dans les quelles la *Va-* „ *leur-entière* de fon *Périmètre* refpectif reste divifée „ et réciproquement; puisque dans le *Ir. Cas*, de ces „ *deux* derniers, quoique le *Périmètre* du *Quarré-* „ *fuppofé* ne reste divifé qu'en 32 *parties-aliquotes*, „ *Nombre* égal à celui, qui produit 8×4; cependant „ fa *Surface* correspondante reste partagée en 64 „ *Quarrés*, chacun de *Bafe* égale à une *Ligne* de „ même *Valeur* qu'une quelconque des 32 *parties-* „ *aliquotes* énoncées, conftitutives de fon *Périmètre*; „ et conféquemment partagée en un *Nombre*, qui est „ *l'Homogène de Comparaifon* de $8\times 8 = 8\times 4\times 2$......

„ Et

rencontrer dans un fujet depourvu des prérogatives, qui y font réquifes...., Mais!.....

„ Et dans l'autre Cas, quoique le *Périmètre* du „ *Quarré-ſuppoſé* ne reste diviſé qu'en 48 *parties-* „ *aliquotes*, *Nombre* égal à celui, qui produit 12×4; „ cependant ſa *Surface* correspondante reste partagée „ en 144 *Quarrés*, chacun de *Baſe* égale à une „ *Ligne* de même *Valeur* qu'une quelconque de 48 „ *parties-aliquotes* énoncées, conſtitutives de ſon *Pé-* „ *rimètre*; et conſéquemment partagée en un nombre, „ qui est *l'Homogène de Comparaiſon* de 12×12 = „ 12×4 × 3..... Et ainſi de même et par une par- „ faite *Analogie* jusqu' à l'Infini"..... Qu'ils ſachent ſecondement, que

26. Comme toute ſorte de *Quarré* peut être regardé quant à ſa *Baſe*, non-ſeulement comme *l'Inſcrit*, le *Circonſcrit*, *l'Iſopérimètre*, ou *l'Iſoplanimètre* d'un *Cercle-donné*, mais encore comme le *Diamètre* d'un *Cercle-quelconque*; et conſéquemment comme *l'Hypothènuſe d'un Triangle-rectangle*, qui ſerait *Inſcrit* dans la *Demi-Circonférence* du *Cercle-ſuppoſé*; ainſi ſuivant la *Méthode-exacte* et *régulière des* ANCIENS, il ne faut jamais exprimer la *Valeur-planimétrique* d'un *Quarré quelconque donné* par le ſimple *Produit*, qui réſulte du *Nombre* des *parties-aliquotes Longimétriques*, déſignantes ſa *Baſe*, multiplié par lui-même; comme ſont en uſage de pratiquer tous les *Géomètres de la Méthode-approximative* (*a*); mais par la *Somme* des *Produits réſultans* du *Nombre-reſpectif des parties-aliquotes-longimétriques déſignantes les deux Côtés d'un Triangle rectangle*, *dont*

(*a*) *Voyez la Note*, *Pag.* 29 *à* 32 *de mon Ouvrage: Soluzione eſatta &c.*; *et le Parag.* 25 *de cette Relation.*

dont l'Hypothénufe ferait la Bafe d'un des quatre Quarrés-fuppofés; et conféquemment la Bafe d'un Quarré réctifié et tel qu' étant mis en rapport avec un autre Quarré quelconque de différente Grandeur, ils pourront toujours exactement exprimer enfemble la raifon-planimétrique de la Valeur refpective des parties aliquotes femblables, qui les compofent...... Qu'ils fachent en troifième lieu, que

27. Comme en Vertu de la grande et fublime *Vérité,* qui réfulte de mes *Conclufions définitives*, qui viennent à l'appui de ma *Démonftration-Ifoplanimétrique fur la Quadrature du Cercle* (*a*), il n'est pas fimplement confirmé que lorsque le *Nombre des parties-aliquotes longimétriques* déíignantes la *Valeur* de la *Bafe* d'un *Quarré-fuppofé* est de *pofition-donnée* égal à 8; ce *Quarré-là* ne peut autrement fe régarder que comme une *Figure,* qui contient en *Surface* la *Somme* de 4 *Quarrés,* chacun de *Bafe* égale à 4 de même Valeur que les *huit prémières parties-aliquotes* défignantes fa *Bafe;* mais il est incontestablement démontré, encore, que lorsque le *Nombre* des *parties-aliquotes* énoncées est en *Longueur de pofition-donnée* égal à 9; le *Quarré de Bafe* 9 ne peut autrement fe regarder que comme une *Figure,* qui contient en *Surface* la *Somme* de 5 *Quarrés* chacun de *Bafe* égal à 4 de même Valeur que les *neuf prémières parties-aliquotes* défignantes fa *Bafe;* comme dans le Cas précédent: Ainfi on doit favoir en outre, que lorsque le *Nombre des parties-aliquotes* énoncées est de *pofition-donnée* égal à 7, ou égal à 10; dans

(*a*) Voyez la Pag. 76; Num. 72 à 85 de mon Ouvrage.

dans la Ire rencontre le *Quarré de Base* 7 ne peut autrement se regarder que comme une *Figure*, qui contient en *Surface* la *Somme* de 3 *Quarrés*, chacun de *Base* égale à 4 de même Valeur que les *sept-premières parties-aliquotes* désignantes sa *Base;* comme dans les Cas précédens; et dans la 2me rencontre le *Quarré de Base* 10 ne peut autrement se regarder que comme une *Figure*, qui contient en *Surface* la *Somme* de 6 *Quarrés*, chacun de *Base* égale à 4, de même Valeur que les *dix-premières parties-aliquotes* désignantes, également que dans tous les trois premiers Cas la *Base du Quarré-supposé*..... Grandes et sublimes Vérités, qui quoiqu' elles soient bien faciles à concevoir à présent qu' elles se trouvent mises au jour et publiées; cependant, sans la moindre illusion, je suis le premier et le seul, qui puisse se flatter de les avoir tirées, pour le bien et le perfectionnement de la Science, du sein des ténèbres où elles ont été ensevelies jusqu' au moment que ma *Démonstration* sur la *Quadrature du Cercle* fut imprimée et dévoilée; et dont toujours de plus en plus il résulte que moi au lieu de détruire comme on disait le fameux *Théorème de l'Hypothènuse*, non seulement je puis me flatter de l'avoir illustré et mis dans le *non plus ultra*, mais je puis me flatter d'avoir infiniment illustrée, en outre, la *Proposition* 14me du *Liv. II. des 'Elémens* D'EUCLIDE, par la quelle, comme on sait, on pouvait très-bien jusqu' ici parvenir à décrire un *Quarré*, dont la *Surface* serait égale à celle d'une *Figure-rectiligne-donnée;* mais on ne pouvait point du tout parvenir à renverser géométriquement la *Proposition-énoncée*, et réduire ainsi un *Quarré* quelconque

que à une *Figure-rectiligne-rectifiée:* Connaisſance extremement utile et indispenſable dans la *Planimétrie*, où comme on fait très-bien ne meſurant autrement les *Surfaces parfaitement Quarrées* que par la voie de *l'Inſtrument-Univerſel*, qui n'est qu'un ſimple et pur *Quarré-Long*, il était bien esſentiel d'établir la *Méthode-géométrique* de déterminer, par principes de nature conſtante et invariable, la *Raiſon-exacte et régulière*, qui doit ſe rencontrer entre la *Baſe* d'un *Quarré-donné à meſurer*, *et la Baſe reſpective du Quarré*, qui contient la même *Surface* du *Quarré-Long* déſignant *l'Inſtrument-Univerſel;* ou ce qui est la même choſe, la *Raiſon-exacte et régulière*, qui doit ſe rencontrer entre la *Baſe du Quarré-Long* déſignant *l'Inſtrument-Univerſel*, et la *Baſe* de celui, qui doit réſulter par la *Réduction à Quarré-Long du Plan Quarré-donné à rectifier* (*a*).

28. Trou-

(*a*) Il est bien vrai que quelques-uns des Mathématiciens modernes prétendent mal à propos foûtenir que avec les moyens très-infuffiſans et inefficaces qu'on employe jusqu'ici en calculant, qui que ce ſoit des Géomètres peut bien réduire la *Surface* d'un *Quarré-Donné* à celle d'un *Quarré-Long rectifié*, qui ſoit de même valeur que le premier: Mais je ne puis que rire de Propoſitions ſemblables! .... Car quoique un des Géomètres les plus reſpectables de la *Holande*, que par delicatesſe et pour l'amitié que j'ai avec quelqu'un de ſes Amis je ne veux pas nommer, croyant peut-être me décourager, s'est permis de me dire brusquement en face, et à la préſence de perſonnes que s'y trouvaient préſentes, que de tout ce que je fais en calculant il n'y a rien de nouveau, ni d'inconnu dans le Systême des Mathématiques, qui est en uſage; particulièrement pour ce qui regarde la *Triſection d'une Ligne*, que je ſoûtiens en face de qui que ce ſoit qu'il n'est pas posſible de couper géométriquement en trois par-

28. Trouvent-ils encor quelque chose à dire contre mes *Théories* et *Régles de doctrine*, contre mes *Conclu-*

parties égales sans employer mes principes nouveaux et particuliers.... Je tiens toujours aux principes solides et incontestables, qui font la Base des Mathématiques, et je dis toujours qu'en fait de Mathématique il ne suffit pas d'affirmer il faut démontrer jusqu'à l'évidence.... Que si l'on m'objecte qu'on peut très-aisément couper une *Ligne* quelconque donnée en un nombre de *parties-aliquotes* qu'on veut par les *Régles de Doctrine*, qui ont été données à cet égard par EUCLIDE avec la *Proposition* Xme *du Livre VI de ses 'Elémens*, ou par un procédé analogue ; je me crois en devoir, alors, de faire observer à tous ces prétendus Aristarques, qu' autres fois ont parlé de *Démonstrations-Mécaniques*, que la *Proposition-Longimétrique* énoncée est tout à fait *Mecanique* et telle qu'on n'en peut tirer le moindre profit pour le bien de la Science. En effet, je défie tous les aveugles *Sectateurs* D'EUCLIDE, qui ne voudront pas se rendre à mes justes réflexions de démontrer quelle influence *l'Opération* tirée de la *Proposition X*^{me}. *des 'Elémens* D'EUCLIDE pourra jamais avoir sur une autre *Operation-Planimétrique* quelconque pour être en droit de la regarder comme une *Opération-Géométrique?*.... Il est bien essentiel à savoir, avant de parler de *Démonstrations-Mécaniques* et *Géométriques*, que comme la *Science de la Planimétrie*, qui présente les moyens, de mesurer et comparer entr' elles, ou entre d'autres de différente espèce les *Quantités de double-dimension*, c'est à dire les *Grandeurs*, qui conniennent *Longueur*, et *Largeur*, n'est fondée que sur les principes exacts de la *Longimétrie* d'où chaque *Proposition-Planimétrique* prend sa source et sa consistance; ainsi voulant exactement calculer on ne doit regarder, toutes les *Démonstrations-Longimétriques*, qui n'ont pas la moindre influence et relation avec la *Planimétrie*, que comme entièrement *Mécaniques* et étrangeres à *l'Objet*, qui doit former le *Point de vue du vrai Géomètre:* Car c'est faute de cela qu'on n'a pû jusqu' ici résoudre avec la *Régle* et le *Compas*, comme desiraient les plus illustres *Géomètres de l'Antiquité*, le célèbre *Problême de la Trisection de l'Angle*, que je viens maintenant de résoudre: C'est faute de cela qu'on a pû jamais perfectionner la *Scien-*

clusions-définitives tirées de la *Solution exacte et régulière du célèbre Problême de la Quadrature du Cercle* les illustres Géomètres du Siecle éclairé où nous sommes?..... Y a-t-il aucune *Invention en Mathématique* qu'on peut réputer plus interessante, plus utile, et plus incontestable que celle de mon *Rapport* 5 à 7 et 7 à 10 que je viens de mettre au jour par mes nouvelles *Théories* et *Régles de doctrine* à fin de désigner exactement la *Raison-Longimétrique de la Base à la Diagonale d'un Quarré quelconque?* (*a*).... Si

Science de l'Isopérimètrie et résoudre ainsi le fameux *Problême de la Quadrature du Cercle*, que je viens également de résoudre: Et c'est faute de cela, et de n'avoir jamais pû établir, par *Analogie*, entre les principes constitutifs de la *Planimétrie* et ceux, qui constituent la *Science des Solides* ce même équilibre, qui manque dans le *Système-reçu* entre la *Planimétrie* et la *Longimétrie*, et qu'en grande partie je viens d'établir par mes nouveax principes, qu'on a pû jusqu'ici résoudre le Problême compagnon des deux énoncés et qui est connu sous le nom de la *Duplication du Cube*, dont je n'ai pas encore tout à fait achevée la solution exacte, et réguliere, mais que j'acheverai tout de suite que mes deux premières démonstrations seront généralement reconnues et approuvées; sûr que personne ne pourra m'en dérober la gloire sans employer les nouvelles lumières et les principes exacts et réguliers de mon invention.

(*a*) Avant de partir de *Paris* pour *Londres*, et lorsque je vis incontestablement que les *Géomètres* les plus célèbres de la *France* ne voulaient d'aucune manière se rendre à prêter l'oreil à l'offre que je leur faisais de la *Solution du célèbre Problême de la Quadrature du Cercle*, pour mieux m'assurer dans ce Pays-là la propriété de cette invention, qui depend en grande partie de celle du *Rapport-Longimètrique* entre la *Base* et la *Diagonale* d'un *Quarré* quelconque., j'ai voulu non seulement publier par la voie des *Journaux* les *Conclusions*, qui viennent à la suite de la dé-

con-

Si le *Quarré* de *Base* 5 contient un *Quarré* de *Base* 4 plus un autre *Quarré* égal à $\frac{1}{2}$ de la *Valeur-planimétrique* de celui-ci; et le *Quàrré* de *Base* 7 en contient 3 des premiers; et celui de *Base* 10 en contient 6; et celui de *Base* 14 en contient 12 &c. &c.; Comme on pourra incontestablement vérifier, si à l'appui des *Régles* désignées par le *Théorème de l'Hypothénuse* on voudrait soumettre mon *Hypothèse* aux effets de la démonstration: il me semble d'avoir entièrement tenu ma parole (11) et d'avoir sans la moindre équivoque éclairci et établi inébranlablement une Vérité, qui est la fondamentale de celle de la *Quadrature du Cercle;* et qui m'a été tant contredite qu'il fallait avoir bien de la raison, de l'énergie et de la fermeté pour ne pas se décourager et l'abbandonner à jamais.

29. Cependant il faut qu' avant de terminer cette *Relation* je fasse mes plus vives pleintes contre tous les Mathématiciens les plus connus de la *Grande-Bretagne*, qui, malgré toutes mes plus instantes supplications n'ont voulu d'aucune manière se déterminer à lire ma *démonstration sur le Probléme de la Quadrature du Cercle* jusqu'à la ligne; car s'ils avaient secondé mes insinuations, alors en parcurrant avec ma *Proposition VIme*, qui est la dernière de mon Ouvrage, la *Figure IX*, qui en développe le *Plan*, ils auraient pu très-bien par eux mêmes connaître qu'en *Planimétrie* la *Base* d'un *Quarré* quelconque est par rapport à sa *Lon-*

couverte du *Rapport-énoncé;* mais j'ai voulu en déposer en outre en manuscrit une *Esquisse* dans la *Bibliotheque-Impériale*, alors *Nationale*, et en tirer un reçu, à fin qu'aucun autre par la suite du tems ne puisse s'attribuer le mérite de mes travaux particuliers.

longueur à la longueur de ſa *Diagonale* correspondante comune *l'Hypothênuſe d'un Triangle-rectangle*, qui aurait d'un *Côté* une *Ligne* égale à 4 et de l'autre une *Ligne* égale à 8, est à *l'Hypothênuſe* d'un autre *Triangle de même nature*, qui aurait d'un *Côté* une *Ligne* égale à 4 et de l'autre une *Ligne* égale à 12; et conſéquemment ils auraient pu très-bien par eux-mêmes connaître que la *Somme des deux-premiers Quarrés* était exactement égale à 5 *Quarrés de Baſe* 4 et celle des *deux-ſeconds* était exactement égale à 10 *Quarrés*, chacun de même Valeur que les 5 précédens; et ſe mettre ainſi à même de pouvoir ſans la moindre difficulté établir une *Formule-générale*, qui fût capable de ſoûtenir toujours jusqu' à l'infini la *Raiſon-double*, qui existe, dans une *Serie de Quarrés-Inſcrits* et *Circonſcrits* ſur un *Plan* quelconque, entre la *Surface du Quarré*, qui approche ſon croisſant et la *Surface* de celui, qui en est approché: En effet ſoit, par exemple, le *Quarré* de AB = 1; Celui de BC = 2; Celui de CD = 4; Celui de DE = 8; Celui de EF = 16; et ainſi jusqu' à l'infini..... On pourra par mes nouvelles *Théories* et *Régles de doctrine* très-aiſement établir la *Formule-générale* ſuivante; ſavoir.

$AB^2 = (AB-\frac{1}{9})^2 + (AB-\frac{5}{9})^2 = 8\times8 + 4\times4$
$= 64+16 = 80.$

$BC^2 = (AB-\frac{5}{9})^2 + (AB+\frac{1}{3})^2 = 4\times4 + 12\times12$
$= 16 + 144 = 160.$

$CD^2 = (CD-\frac{1}{9})^2 + (CD-\frac{5}{9})^2 = 16\times16 = 8\times8$
$= 256 + 64 = 320.$

$DE^2 = (CD-\frac{5}{9})^2 + (CD+\frac{1}{3})^2 = 8\times8 + 24\times24$
$= 64 + 576 = 640.$

$EF^2 = (EF-\frac{1}{9})^2 + (EF-\frac{5}{9})^2 = 32\times32 + 16\times16$

$= 1024$

= 1024 + 256 = 1280..... Et de même jusqu' à l'infini..... Mais toutes ces *Vérités* et une immensité d'autres que je possede seront synthétiquement et analytiquement développées par ordre, lorsque je publierai en *Français* les découvertes, qui sont contenues non-seulement dans mon Ouvrage intitulé = *Soluzione esatta* &c., mais dans *l'Essai Critico-mathématique*, *publié* à *Génève* et intitulé = *Le Compas de Proportion*, ou *les Arpentéurs appelés à l'Ordre;* Ouvrage, ce dernier, qui quoiqu' il contient des vérités, qui ont essentiellement besoin d'être mises dans un jour plus clair et d'être dégagées de cet aspect d'ambiguité sous le quel ont été exprès publiées, cependant c'est une production, qui ne laisse d'être de la plus grande importance et consideration pour un *Géomètre-Philosophe* et *Calculateur :* découvertes, toutes, dis-je, qui seront incessamment publiées, aussitôt que S. M. L'EMPEREUR DES FRANÇAIS et ROI D'ITALIE sera de retour à *Paris*, et que j'aurai obtenu la permission de lui en faire la *Dédicace:* Car, en vérité, il semble que le GRAND-ARCHITECTE DE L'UNIVERS ait voulu illustrer les fastes incomparables de NAPOLION Ir. en réservant jusqu' à cette époque la découverte énoncée et en accordant exprès la faveur de l'invention à un homme, qui est, à été et sera sans cesse l' admirateur du HÉROS DU XVIIIme. SIÈCLE.

CONCLUSION.

30. Je suis persuadé que tous les *Savans-Géomètres* de l'époque où nous sommes et tous ceux, qui sont portés pour les progrés et le perfectionnement des *Sci-*

en-

ences-exactes, verront avec grand plaiſir et avec pleine ſatisfaction les interesſantes lumières que je viens de mettre au jour et la Vérité triompher de l'Erreur; et par conſéquent, je ſuis perſuadé, dis-je, qu'ils chercheront ausſitôt que cette *Relation* paraîtra à reconnaître et approuver à haute voix, non-ſeulement l'immenſe utilité qu'on peut tirer des interesſantes connaisſances Géométriques, qui ſont la *Baſe de mon nouveau Système*, mais la Réalité incontestable des découvertes que je viens de publier à *Londres* dans *l'Ouvrage* intitulé = *Soluzione eſatta* &c. =; particulièrement de la principale, qui est celle de la *Quadrature du Cercle*, que jusqu' ici perſonne n'a reconnu, ni approuvé. J'oſe espèrer, ſur tout, que les premiers *Géomètres* et *Savans*, qui, pour le bein de la *Société* et des *Sciences*, s'empresſeront de donner en face du Public cette marque de loyauté, feront ſans doute les illustres MEMBRES DE L'INSTITUT-IMPERIAL DE FRANCE, qui ont été les premiers, par leur exemple, d'en proclamer l'abbandon; et en conſéquence de tout cela, j'oſe espèrer, en outre, que les droits que j'ai à la récompenſe de 600000 *Francs*, qui, comme un *Prix d'Emulation*, ont été destinés, par l'immortel *Carles V*, au *Géomètre*, qui aurait le bonheur de réſoudre le *Probléme de la Quadrature du Cercle*, ne me feront point contestés. J'ai dit.

F I N.

ERREURS. CORRECTIONS.

ERREURS.	CORRECTIONS.
PAG. VI., *vers.* 1. *annientissement*	LISEZ. *anéantissement.*
ID. ....., *vers.* 2. *fideles.*	—— *fidelles.*
PAG. VI., *vers.* 26. *le moindre equivoque.*	—— *la moindre équivoque.*
PAG. VIII., *vers.* 18 *systhème.*	—— *système.*
PAG. X., *vers* 18. *Quercles.*	—— *Querelles.*
PAG. I., *vers.* 24. *à fin d'ensevellir.*	—— *à fin d'ensevelir.*
PAG. 19., *vers.* 12. *enrralacées.*	—— *entrelacées.*
PAG. 23., *vers.* 17, 20 et 25. *méchanique.*	—— *mécanique.*
PAG. 25., *vers* 3. *appeler.*	—— *appeller.*
PAG. 30., *vers.* 4. *dans le.*	—— *dans la.*
ID. ....., *vers.* 27. *les Corpt.*	—— *les Corps.*
PAG. 32., *vers.* 22. *égale de celle.*	—— *égale à celle.*
ID. ....., *vers.* 26. Homogénéité de Proportion.	—— *Homogénéité de Comparaison.*
ID. ....., *vers.* 29. *de celle.*	—— *à celle.*
PAG. 40., *vers.* 28. était le diviseur, Homogène de Comparaison du Quotient, qui resulte en summettant à division par lui-même, un Nombre donné	—— était le nombre, qui multiplié par lui-même l'aurait produit
PAG. 41., *vers.* 17. „ °	—— „ 4°

www.ingramcontent.com/pod-product-compliance
Ingram Content Group UK Ltd.
Pitfield, Milton Keynes, MK11 3LW, UK
UKHW021134230726
13926UKWH00002B/785